MESURE

DU TEMPS.

ÉCHAPPEMENT NOUVEAU,

Inventé à Paris en 1791.

MÉMOIRE

CONTENANT

La description d'un échappement libre ou à détente ; les détails de son exécution et ses avantages ;

Quelques réflexions sur les Montres décimales, des nombres convenables pour en construire de bonnes ;

Les moyens de faire usage des Montres actuelles avec cette division, en ne changeant presquerien au mouvement.

Par ROBERT ROBIN, *Horloger, au Louvre, Galerie des Artistes.*

Robin

Se vend à PARIS,

Chez
ROCHETTE, Imprimeur, Maison Sorbon[ne].
LEPETIT, quai des Augustins, No 32.
REGNAULT, au Palais-Égalité, No 195.
L'AUTEUR, aux galeries du Louvre.

L'an IIe. de la République Française.

AUX AMATEURS DE LA MESURE DU TEMPS.

CITOYENS,

J'AI imaginé cet échappement en 1791 ; j'ai fait un modèle dans la grandeur qu'il est gravé, pour démontrer en grand ses effets.

J'ai différé deux ans à le publier, pour le comparer avec le temps aux meilleurs échappemens, pour en connoître parfaitement les vices et les qualités, pour déterminer les moyens les plus commodes pour l'exécuter, persuadé qu'une invention en horlogerie perd beaucoup de son mérite, si son exécution entraîne avec elle des difficultés qui ne peuvent être vaincues que par très-peu d'artistes.

Après un examen sévère, je crois que mon échappement est praticable par le plus grand nombre des artistes.

Comme j'ai en vue, particulièrement le progrès d'un art que j'aime infiniment, & persuadé que la vie de l'homme est trop courte pour inventer et perfectionner, je soumets cet échappement aux connoissances de mes concitoyens, en leur laissant la liberté de venir voir le modèle que j'ai en grand, pour en raisonner ensemble, et nous éclairer mutuellement.

Ce sont les sentimens de celui qui est avec fraternité, leur concitoyen (1).

R. ROBIN.

---

(1) j'appuye ce jugement sur l'historique de l'échappement à double virgule, lequel a occupé la tête des meilleurs artistes pendant dix ans, et n'a eu de véritable succès qu'au moment où *Romilly* a supprimé la manivelle.

ÉCHAPPEMENT NOUVEAU,

APPLICABLE

AUX MACHINES PORTATIVES,

DESTINÉES

A LA MESURE DU TEMPS;

Inventées par ROBERT ROBIN, *Horloger, au Louvre, Galeries des Artistes, en 1791, et publiées l'an 2.e de la République, une et indivisible.*

CET échappement est de la nature de ceux qu'on appelle échappement libre ; c'est-à-dire, qu'il n'a de frottement que pendant l'impulsion que la roue d'échappement donne au régulateur, pour lui faire décrire un arc constant de 60 degrés.

Les frottemens de cet échappement sont constamment les mêmes, parce que la roue d'échappement & le levier d'impulsion ne se touchent que dans le moment où ses deux mobiles cherchent à se désunir, par conséquent leurs frottemens sont adoucis et divisés en raison de la vîtesse respective avec laquelle ces deux mobiles s'éloignent l'un de l'autre.

L'impulsion étant donnée par la roue, la force motrice est suspendue, le régulateur a la faculté de décrire des vibrations de 660 degrés d'arc de supplément, étant dans un état parfaitement libre.

Ces 660 degrés, joints à 60 d'arc constant, font un total de 720 degrés = deux tours, sans qu'il puisse y avoir ni renversement ni accrochement; ce qui donne au régulateur une grande puissance.

Cet échappement marche avec très-peu de force motrice, parce que le levier d'impulsion est très-long, & que le dégagement s'opère par une palette dont la résistance est dans un rapport très-petit avec ce levier.

Cet échappement a l'avantage de communiquer la force motrice sans pièce intermédiaire; c'est-à-dire, dans le moment où la roue est dégagée de la détente qui suspend la force motrice, pendant que les vibrations s'effectuent. Cette roue conduit directement le régulateur pendant un arc de 60 degrés, avec une levée très-uniforme, parce que le rayon de la roue ne change point, et que le levier s'alonge à mesure que la tension du ressort spiral augmente.

La levée de cet échappement a la sublime qualité de s'opérer presque sans huile, parce qu'il n'y a de frottement (comme nous l'avons déja dit) que dans le moment où les parties frottantes cherchent à se désunir; qualité qui a soutenu l'échappement à roue de rencontre, malgré tous ses vices. L'échappement à roue de rencontre ne jouit de cette propriété qu'à moitié, ses frottemens étant de deux natures; celui qui a lieu pendant le recule, est celui qui a lieu pendant la levée.

Le premier étant composé de deux puissances qui se heurtent, est donc destructeur en raison des forces de mouvement avec lesquelles ces deux parties frottantes s'opposent à leurs mouvemens; c'est de ce vice d'où naît la ruine des palettes.

Les avantages de l'échappement nouveau sont la levée naturelle et uniforme; très-peu de frottement, l'arc constant plus déterminé, les vibrations très-grandes, d'où il suit beaucoup de puissance réglante.

Cet échappement n'est point sujet au renversement, ni accrochement; il marche avec très-peu de force motrice, presque sans huile et sans se détruire.

De deux vibrations, une mesure le temps naturellement par l'espace parcouru par le régulateur, sans aucun secours méchanique.

Tous ces avantages concourent également à l'isochronisme des vibrations.

Cet échappement est très-facile à exécuter, parce que les différentes pièces qui le composent peuvent se travailler séparément, et leur laisser une trempe convenable à leur usage.

Il a cependant toutes les difficultés d'une manutention soignée; mais ses principes étant déterminés, en y mettant le temps et l'intelligence, on est sûr de réussir.

Au lieu que la plupart des échappemens connus, comme celui à cilindre, celui à double et simple virgule, celui même à roue de rencontre, sont tous très-fragiles à exécuter, sur-tout quand on veut leur donner le degré de perfection dont ils ont besoin, pour marcher avec justesse. Il y a peu d'artiste qui puisse se flatter de réussir au premier.

Le nouvel échappement n'est point sujet à casser en le construisant; et en cas de chûte, il n'y a rien de ce qui constitue l'échappement qui puisse se briser.

Les seuls pivots du balancier peuvent casser

en tombant à cause de son poids ; mais tous les artistes peuvent réparer cet accident sans changer les dimensions de l'échappement.

On peut exécuter laxe & la levée séparément ; avantage qui est d'autant plus interressant, que la levée exige une trempe très-dure, & même garnie en diamans, & que laxe nécessite un degré de revenu pour pouvoir tourner les pivots.

Cet échappement peut s'exécuter dans les plus petites montres où les accidens sont les plus fréquents.

La matière la plus dure est la plus propre à la fabrication des bons échappemens ; le diamant l'emporte sur-tout, mais la difficulté de le travailler & de l'ajuster solidement, ne permet qu'à très-peu d'échappement d'être garni en agatte ou en rubi.

L'échappement nouveau a l'avantage de pouvoir être garni de ces matières avec une extrême solidité, & très-aisément. On verra ces ajustemens dans le détail de l'exécution ; alors on peut faire la roue d'échappement en acier trempé : ces deux matières peuvent se frotter ensemble sans se gripper, & par conséquent sans se détruire. La roue n'en est que plus solide, quoique plus minse que les roues d'or, de platine & de cuivre.

La roue d'acier étant très-légère, la force motrice se communique avec moins de perte qu'avec les précédentes (1).

Descriptions de toutes les parties qui composent cet échappement, vues ensemble et séparément dans la planche 1, *fig.* 1.

A. B. Une étude en grand de la roue & de la levée.

Fig. 2. Toutes les pièces qui composent l'ancre ou détente qui suspend la force motrice.

Plus, l'échappement tout assemblé présentant

---

(1) Je me suis servi depuis quelque temps de cuivre du Japon avec beaucoup de succès. J'ai trouvé dans cette matière la pureté ; et quoique très-maléable, ayant beaucoup de corps après qu'elle est écrouie, ne poussant point au vert-de-gris, ne s'attachant point aisément aux autres métaux avec lesquels elle frottes, se coupant dans la manutention avec beaucoup de netteté, je la crois très-propre à la fabrique des machines destinées à la mesure du temps, et même à tous les instrumens de mathématique, à cause de la netteté des divisions qu'on obtiendroit, ayant les pores très-serrés. Il seroit à souhaiter que la chymie veuille bien s'occuper de la composition de cette matière ; elle est assez chère pour la dédommager de son travail.

les trois positions les plus utiles pour en comprendre les effets.

Dans la planche 2, fig. 1, on voit l'échappement en élevation, tout monté & prêt à marcher.

Fig. 2. La vue du profil.

Fig. 3. La vue du côté du balancier.

Dimensions générales de cet échappement.

Pl. 1, fig. 1. A présente une portion de roue suffisante pour démontrer la forme des dents. Le nombre n'est point assujetti à un nombre pair ou impair.

Les dents peuvent être courtes, n'ayant point beaucoup de pénétration dans la levée. Elles doivent avoir une inclinaison de quatre degrés environ, & de la même forme que la figure. Sur le bout de ces dents sera réservé un quarré d'un 25e. de l'intervalle d'une dent à l'autre; ce quarré sera converti en épicycloïde, en arrondissant de gauche à droite. Voyez la fig.

Les deux rayons pointés sur le bout des dents de la roue, détermineront cette courbe.

Le premier est le point de contact, qui, de rigueur, doit tomber sur les deux bras de l'ancre et sur le bord de la lavée; le second est le point où la roue doit quitter la levée, ce qui determine l'arc constant.

L'intervalle d'une dent à l'autre est divisé en 5 parties, ou 6 divisions : on en prendra 5, ce qui donnera le $\frac{1}{2}$ diamêtre de la levée B.

L'angle (ee) contient 60 degrés, que la levée doit parcourir pour l'arc constant; cette ouverture est suffisante pour que la roue & la levée ne se gênent jamais (1).

C est laxe du balancier; D est une virolle portant une dent pour opérer le dégagement de l'ancre par le moyen de la fourchette (i), fig. 2, qui est monté avec une vis sur le bras G de l'ancre. Cette virolle porte une entaille au-dessous de la dent, pour empêcher l'ancre de dégager la roue pendant l'étendue des vibrations, au moyen de la pointe (l) qui trouve à rentrer dans l'entaille de la virolle (d) quand la dent a ramené la fourchette en son centre.

La pointe (l) & la fourchette (i) sont attachés sur le bras de l'ancre, avec l'avis O. Voy. fig. 2. à gauche.

Fig. 1. D est la virolle vue de profil.

---

(1) Il seroit très-possible de ne mettre qu'une palette au-lieu d'un cilindre entier pour la levée; mais avec le cilindre les accidents sont mieux garantis.

E est la levée vue de profil et à plat, avec son canon.

F est une pièce de rapport, soit en acier trempé de tout son dur, soit en diamant, sur quoi s'opère le frottement de la levée.

L'ajustement de cette pièce se fait au moyen d'une entaille juste dans la grande levée; et au moyen d'une goupille placée dans la jonction des deux parties, la goupille étant moitié dans la pièce de rapport et moitié dans la grande levée, il est impossible que cette pièce remue.

Fig. 2 (g 1) l'ancre vu à plat et de profil avec tous ses accessoires, dont H est laxe sur lequel l'ancre est monté à terreau.

G 1 présente l'ancre, la roue et la levée dans leur état de repos.

Pour mettre l'échappement en mouvement, il faut faire décrire à la levée un arc d'environ 10 degrés de gauche à droite, la dent de la virolle (d) qui est engagée dans la fourchette (i), faisant reculer le bras (n) de l'ancre d'une quantité suffisante pour que cette dent passe, le bras de l'ancre (m) s'engage alors dans la roue, et la quatrième dent qui suit celle qui quitte (n) se repose sur le bras (m), le spiral ramenant la levée comme dans la fig. (g 2.)

Pour que la levée s'opère, il faut que le bras

(m) dégage la dent, pour qu'elle frappe la levée.

Pour que ce dégagement s'opère, il faut que la levée prolongée par une ligne en (x) parcoure un espace de 4 degrés pour arriver en (y 1); alors la levée est suffisamment engagée dans le rayon de la roue, pour que la levée commence à s'opérer. La dent faisant parcourir à la ligne le rayon ponctué jusqu'en (y 2), la levée aura parcouru 60 degrés, et la deuxième dent des 4 compris dans l'ancre reposera sur le levier (n), ce qui suspend la force motrice pendant que l'arc de supplément s'effectue.

Cetre position de la roue, de la levée et de l'ancre est vue dans la fig. (g 3), et de suite les vibrations se succédent.

On observera que dans l'exécution il ne doit jamais y avoir deux parties d'acier frottantes ensemble. (1)

---

(1) Je dois prévenir les artistes, que tels soins que j'aie pris pour que les planches soient aussi pures que l'exécution de l'horlogerie l'exige, qu'il y a encore quelques pièces dont la figure n'est point déterminée comme je le désire : par exemple, la pointe (l) est un peu trop ronde.

L'entaille de la fourchette (i) n'est point assez quarrée, et les angles un peu trop arrondis.

Moyen d'employer les Montres ordinaires avec le cadran décimal sans changer le méchanisme.

La nouvelle division du jour en parties décimales opérant absolument une révolution dans l'horlogerie, a nécessité que nous nous occupions de la manière la plus simple et la plus solide pour construire des machines à cet usage. Non-seulement cette division est plus commode pour les observations, mais ces changemens ne peuvent que concourir à la perfection des machines en général destinées à la mesure du tems, en donnant une marche plus lente à une partie des mobiles, sur-tout à ceux qui éprouvent les plus durs frottemens. Or, comme on ne gagne jamais en vîtesse, que l'on ne perde en force, on gagnera donc beaucoup.

Dans les horloges publiques la conduite des cadrans gagnera infiniment. Cette partie souffre beaucoup par la position gênante où on se trouve presque toujours dans les bâtimens.

Les angles de la levée ne sont point conformes à toutes les figures.

C'est celle de la figure E qui est la bonne ; mais l'artiste suppléera certainement à ces défauts, étant guidé par le besoin des effets et de son intelligence.

La partie des sonneries gagnera plus de moitié, quant à l'usé et par la manière de faire entendre le son des timbres ou des cloches.

Mais un avantage bien plus intéressant, c'est de rapprocher des bons effets des remontoirs toutes les machines portatives, soit pour la marine, soit pour l'usage ordinaire dans la construction desquelles on est obligé d'avoir un ressort pour moteur.

La force élastique des ressorts étant absolument vicieuse, sur-tout quand on est obligé d'en obtenir un certain nombre de tours; ce qui les rend sujets à se corrompre et à se ploter. Tels sont les effets que nous observons journellement dans les machines à 24 heures : on sentira tout l'avantage dans la disposition des nombres suivans pour les montres décimales.

Nombre pour construire une bonne Montre à cadran décimal, divisant le jour en 10 heures, l'heure en 100 minutes, et la minute en 100 secondes.

Roue de fusée . . . . 64, engrenant dans un pignon de . . . . . 16.

Roue du centre . . . 100, engrenant dans un pignon de . . . . . 10.

Petite roue moyenne 100, engrenant dans un pignon de . . . . . 10.

Roue de champ . . . 100, engrenant dans un pignon de . . . . . 10.

Roue d'échappement . . 20.

La minuterie aura une chaussée de 12, engrenant dans une roue des minutes de 30; elle sera montée sur un pignon de 12, & engrenera dans une roue de cadran de 48.

Le produit de ces nombres est 40,000 vibrations par heure, ce qui donne les $\frac{1}{2}$ secondes naturelles avec l'échappement ci-devant démontré.

Dans le nombre 64 de la roue de fusée est contenu quatre fois le pignon de 16.

Ce pignon fait un tour par heure.

La roue de fusée fera donc deux tours & demi en dix heures. Deux tours & demi de chaîne sur la fusée n'employeront qu'un tour et demi du ressort au plus, au-lieu de cinq tours qu'on emploie ordinairement.

Un ressort qui fera quatre tours au plus, sera suffisamment élastique; & le tour & demi dont on a besoin sera pris dans le milieu de la bande du ressort : momens où toutes les lames sont isolées, & n'éprouvent aucun frottement. La contrainte du ressort étant presque toujours tendue au même degré, ne pourra avoir aucun des vices dont nous avons parlé ci-dessus (1).

Un autre vice qui existe dans toutes les montres à fusée, c'est qu'il est bien rare qu'une chaîne sorte des filets en se déployant sans accrocher les bords de ces filets ; & comme cet effet se fait inégalement, il détruit une partie de la propriété de la fusée, en rendant son tirage inégal, sur-tout dans les montres basses, dans lesquelles il faudroit planter la fusée un peu mal droite pour obvier à cet inconvénient, ce qui n'est point praticable sans produire d'autre vice, sur-tout dans les montres basses, qui sont les plus en usage.

Le peu de tours que les montres décimales exigent de la fusée remédiée parfaitement à cet inconvenient en facilitant le déployement de la chaîne, sans perdre de vue l'extrême solidité de la chaîne par sa grosseur ; & quant au reste du rouage qui se trouve chargé d'un nom-

(1) Je n'ai établi les deux tours et demi de chaîne que sur les 10 heures ; mais on peut mettre 3 et même 4 tours de chaîne, parce qu'il est nécessaire que la montre aille plus de 10 heures : il est même très-utile qu'une montre marche un jour et demi sans être remontée ; afin que, si on l'oublie le soir, elle marche encore le lendemain : c'est un double avantage de cette construction.

bre très-haut, on a la certitude des bons engrenages par les pignons très-nombrés, dont tous les artistes connoissent les avantages.

Les frottemens peuvent être les mêmes en proportionnant l'échappement & la masse du balancier; car la puissance réglante d'un régulateur ne peut s'extimer que relativement à la force motrice qu'il exige, & un balancier de douze grains peut avoir bien moins de puissance réglante qu'un de dix grains relativement a la force motrice qui le met en mouvement.

Dans les petites montres on pourra diminuer les nombres des pignons & des roues, en observant toujours les mêmes rapports ; mais les montres auront certainement moins de justesse, & détruiront davantage.

Les nombres ci-dessus serviront pour la construction des montres neuves ; mais il n'est pas moins urgent & nécessaire de procurer au public la jouissance & l'emploie des montres déjà faites sans le constituer en dépenses.

Pour se servir des montres faites, il suffira donc de changer la minuterie.

La chaussée sera de 8 engrenant dans une roue des minutes de 32 ; sur cette roue sera monté un pignon de 8 engrenant dans une roue de cadran de 48.

La chaussée faisant 24 tours par jour, la roue

des minutes fera 6 tours par jour; comme elle porte un pignon de 8, et que ses 6 tours donnant 6 fois 8, vallent 48, la roue de cadran de 48 fera donc un tour du cadran par jour : ce cadran divisé en 10 heures, & chaque heure divisée en 10 parties, la même aiguille indiquera les heures & les minutes de dix en dix; & comme le cercle est grand, il est impossible que l'on ne puisse savoir l'heure à une minute près avec ces divisions. Voyez la figure 1. pl. 3. où est la disposition de ce cadran. Tout le changement de cette montre consistera donc à faire un cadran, plus une minuterie, encore il y a peu de montres dans lesquelles on ne trouve une partie de ces nombres dans la minuterie.

Second moyen pour se servir des montres déja faites sans rien changer au méchanisme. On fera seulement un cadran qui sera disposé comme dans la planche 3, fig. 2, c'est-à-dire, que l'on reportera les heures & les minutes sur les bords du cadran : on y placera les heures & les minutes dans l'ordre ordinaire, en suivant la division de 12 heures et de 60 minutes.

Au-dessous des 12 heures, on placera la moitié de la division décimale, c'est-à-dire 5 heures, en plaçant le V à midi. Au-dessous de ces 5 heures on divisera le cercle en 50 parties, chaque heure répondant a 10 divisions donnera les minutes de 10 en 10 avec l'aiguille des heures : le cadran ainsi disposé, les aiguilles ayant leur marche ordinaire, quand l'aiguille des heures marquera midi, elle marquera également V heure, qui est l'heure qui répond a midi ; dans la division décimale.

L'aiguille des heures faisant deux tours du cadran par jour, donnera 24 heures, puisque 2 fois 12 = 24 ; la même aiguille faisant deux tours par jour sur la division décimale, donnera 10 heures, puisque 2 fois 5 = 10.

Les heures décimales étant divisées en 10 parties, l'aiguille des heures indiquera les minutes décimales de 10 en 10 ; l'aiguille des minutes ordinaires de la montre indiquera les minutes de la division du vieux stile en 60.

Ces cadrans ont un double avantage, indépendamment de cequ'il donne le moyen de jouir des montres déja en usage et sans frais, c'est que présentant toujours le rapport des deux divisions, ils accoutumeront le jugement à savoir à quelle position du jour répond telle heure du cadran décimal.

Planche 3, fig. 3 on voit une disposition de cadran imaginé par le citoyen Romme, président du comité d'instruction publique,pour avoir toujours un objet de comparaison.

Ce cadran présente un cercle coupé en deux parties.

La moitié est divisée en 12 heures, l'autre moitié est divisée en 5 heures; la partie divisée en 12 est subdivisée par quart; la partie divisée en 5 est subdivisée par 10.

En pratiquant une aiguille à deux bouts qui fasse le tour du cadran par jour, les deux bouts marqueront alternativement, l'un les heures & les minutes décimales, et l'autre les heures & les quarts de l'ancienne division.

De l'Imprimerie de Rochette, Maison Sorbonne.

ECHAPPEMENT NOUVEAU inventé

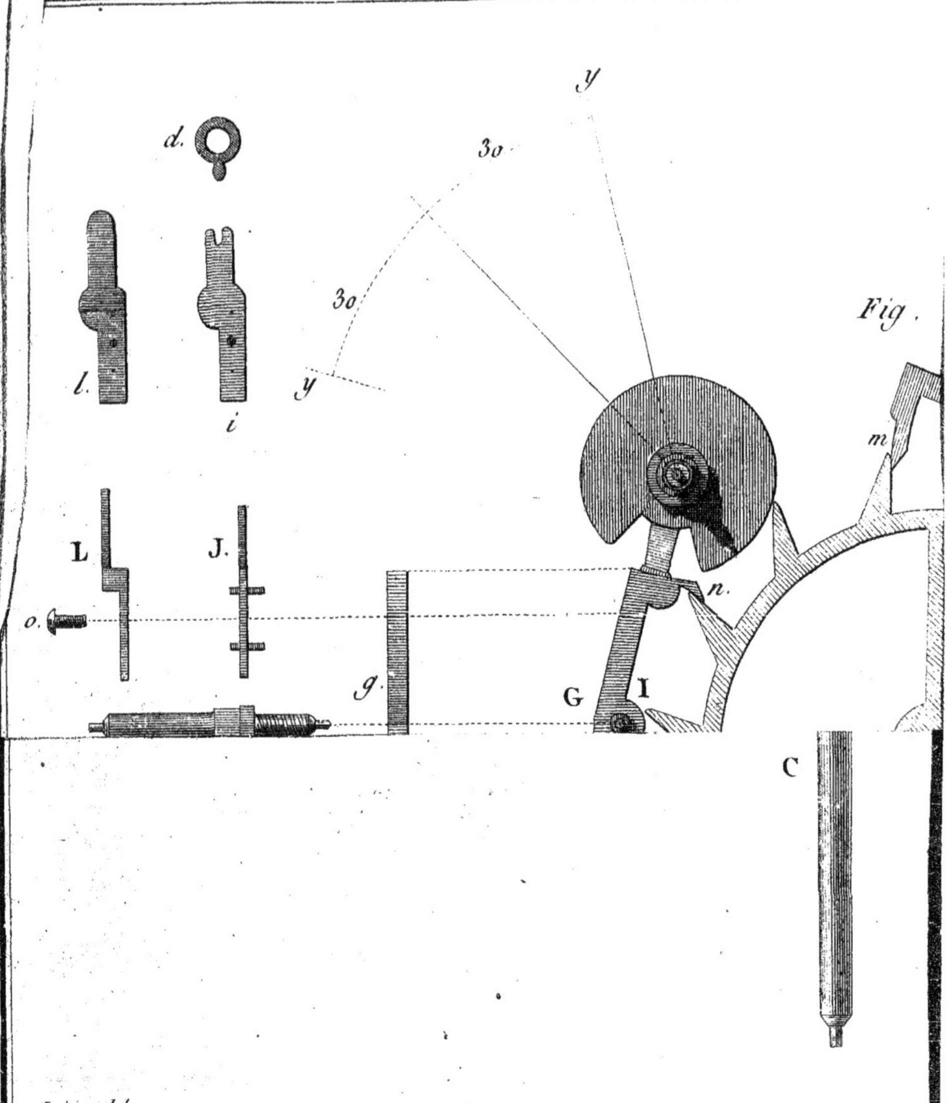

y

30

30

d.

Fig.

l.

i

y

m

L

J.

n.

o.

g.

G I

C

Briant del.

ÉCHAPPEMENT NOUVEAU inventé par Robert Robin en 1791.

Pl. I.re

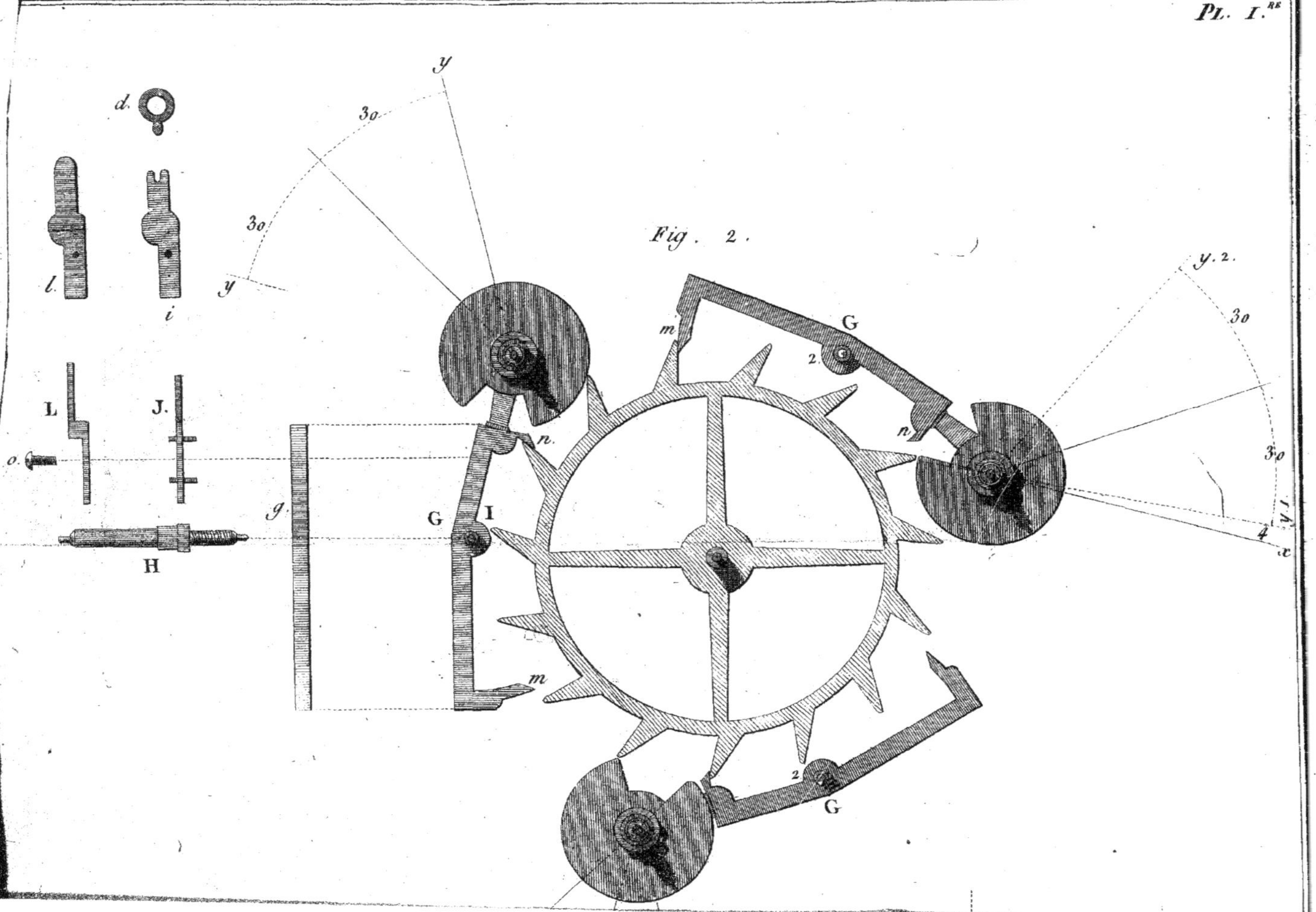

Fig. 2.

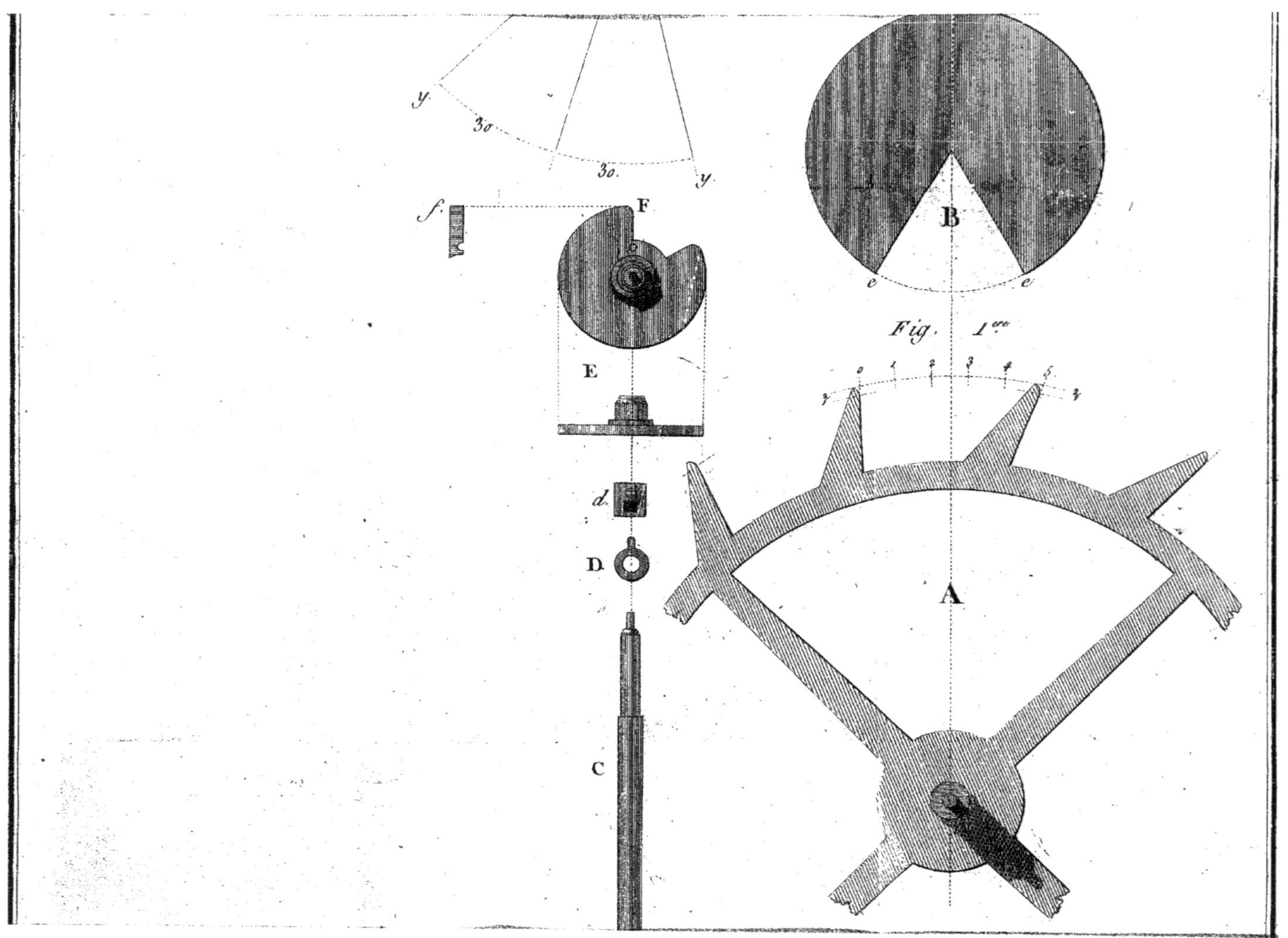
y
3o
3o.
y
f.
F
B
e
e
Fig. 1ère
0
1
2
3
4
5
E
d.
D.
A
C

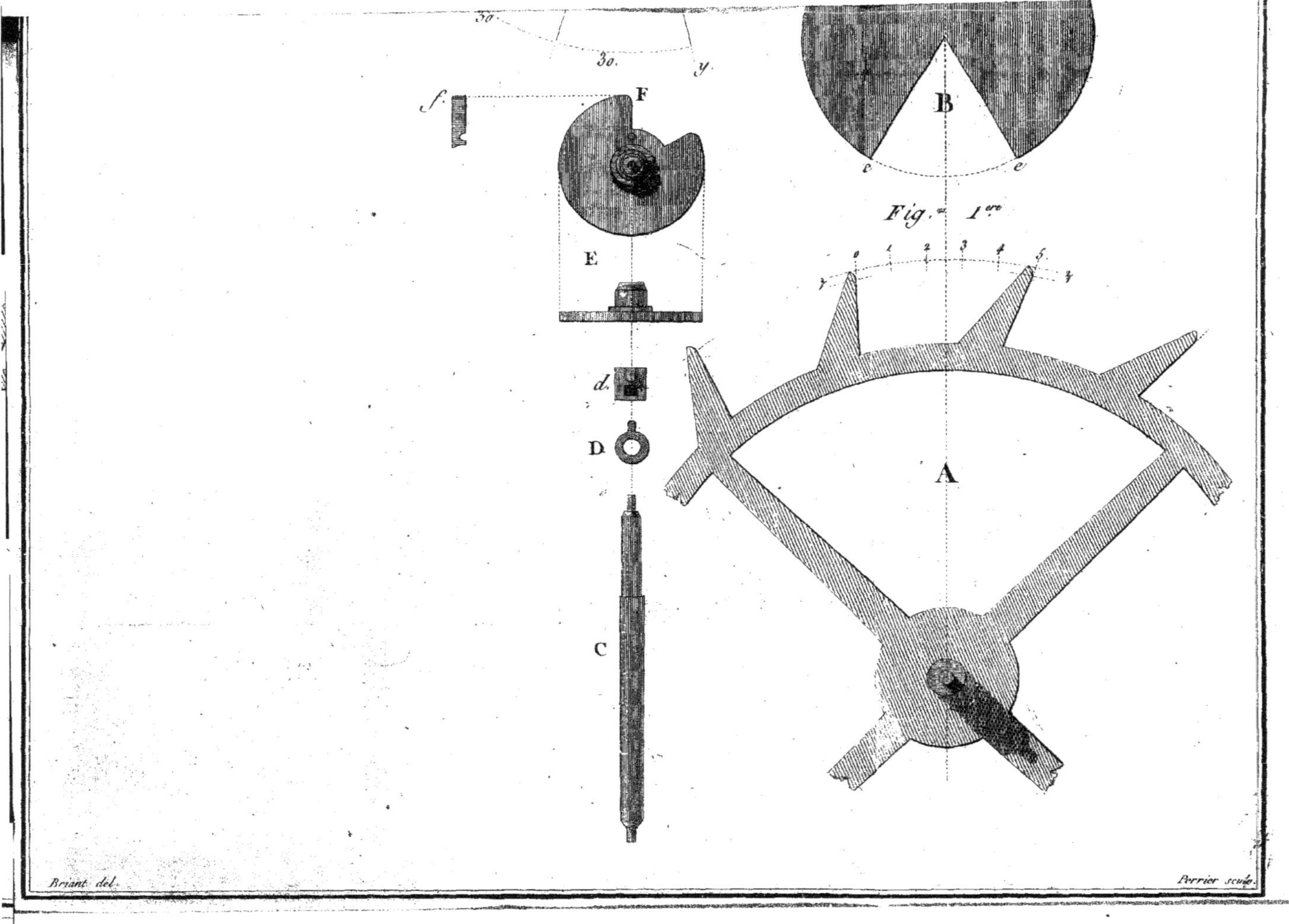
Fig.re 1ere
A
B
C
D
d.
E
F
f.
y.
30.
0 1 2 3 4 5.
Briant del.
Perrier sculp.

PLAN GÉOMÉTRALE DE L'ÉCHAPPEMENT SOUS 3. VUES.

Pl. II.

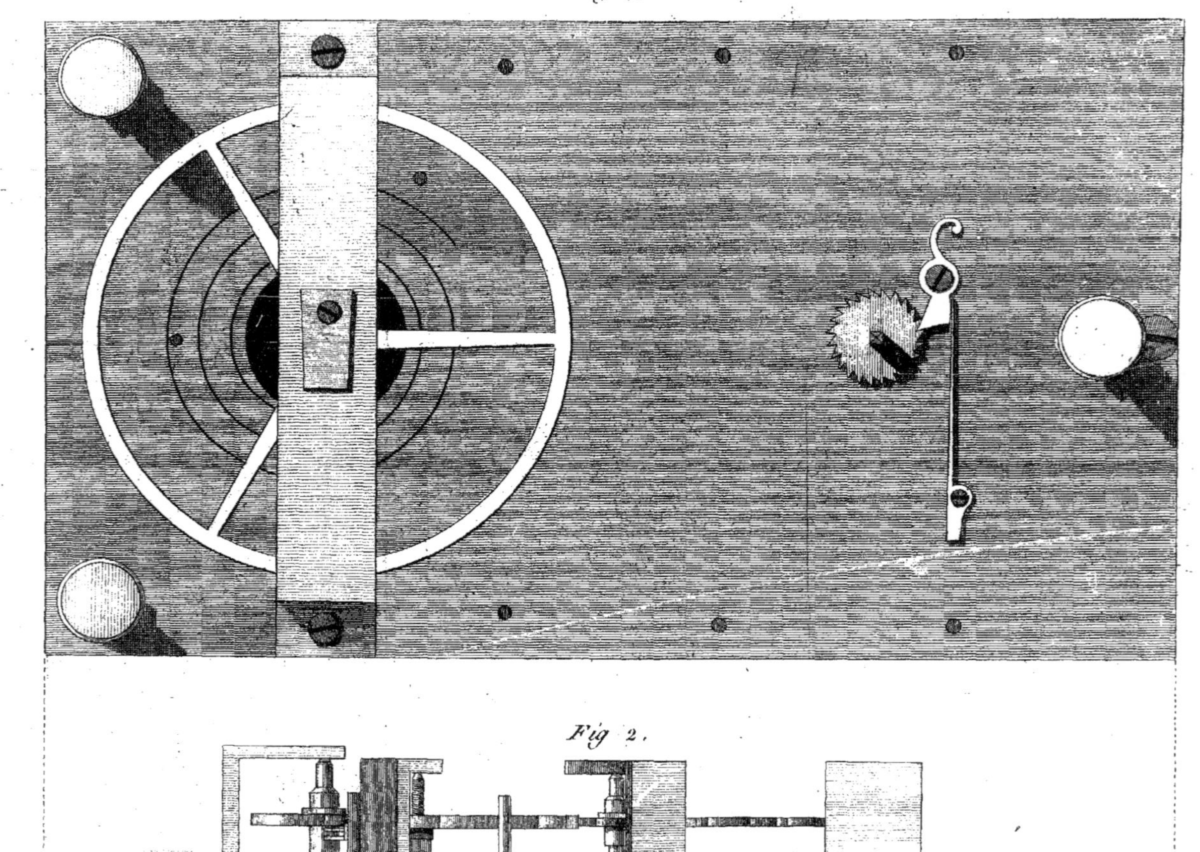

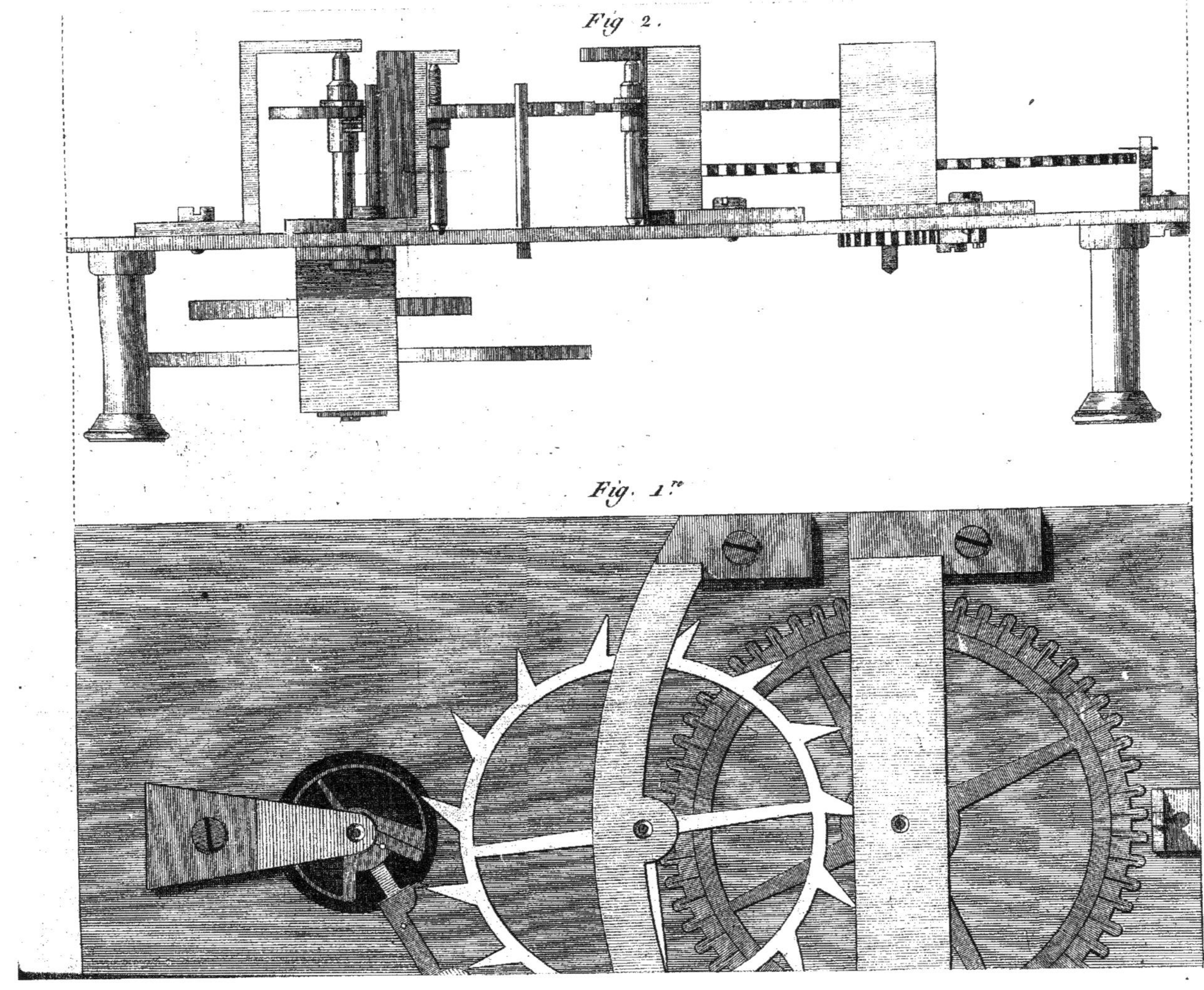
Fig 2.
Fig. 1re

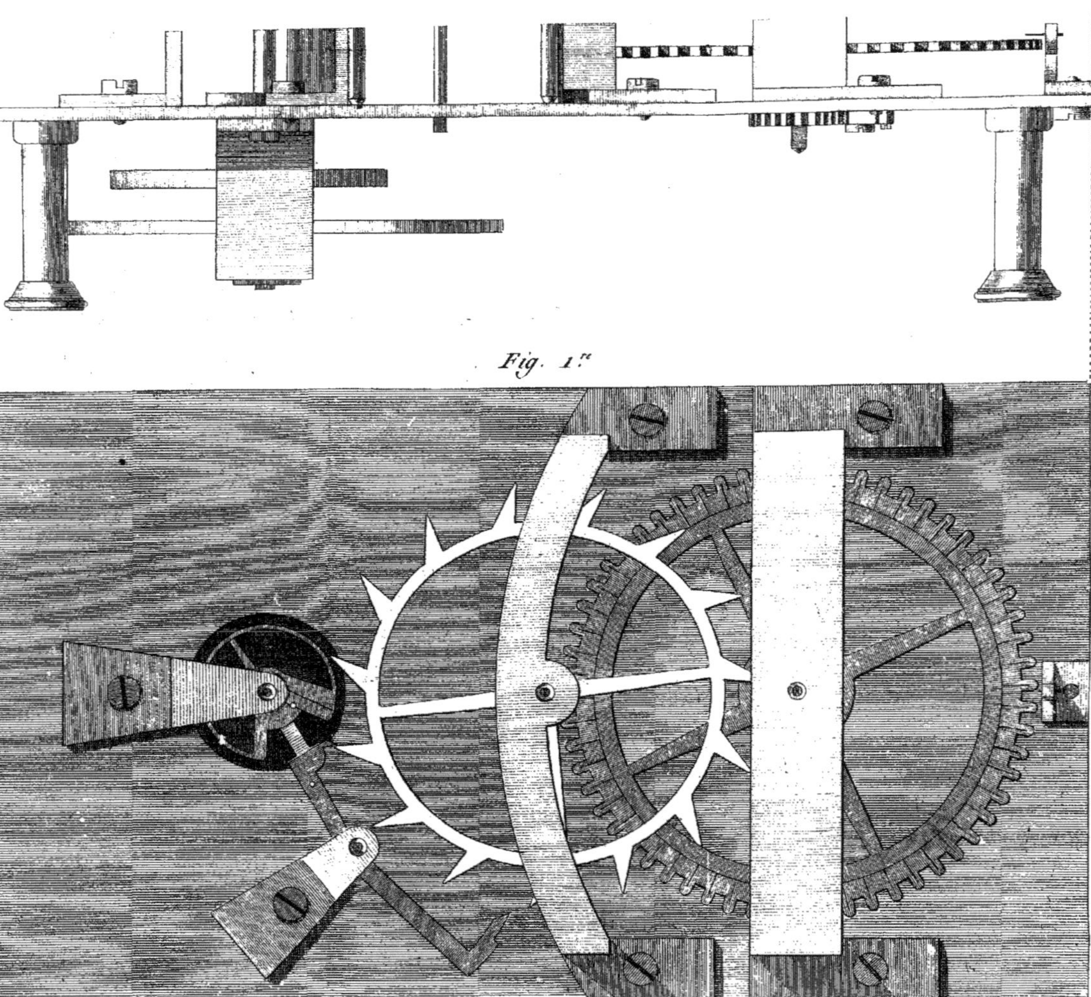

Fig. 1.re

DIFFEREND PROJET DE CADRAN DECIMAL.

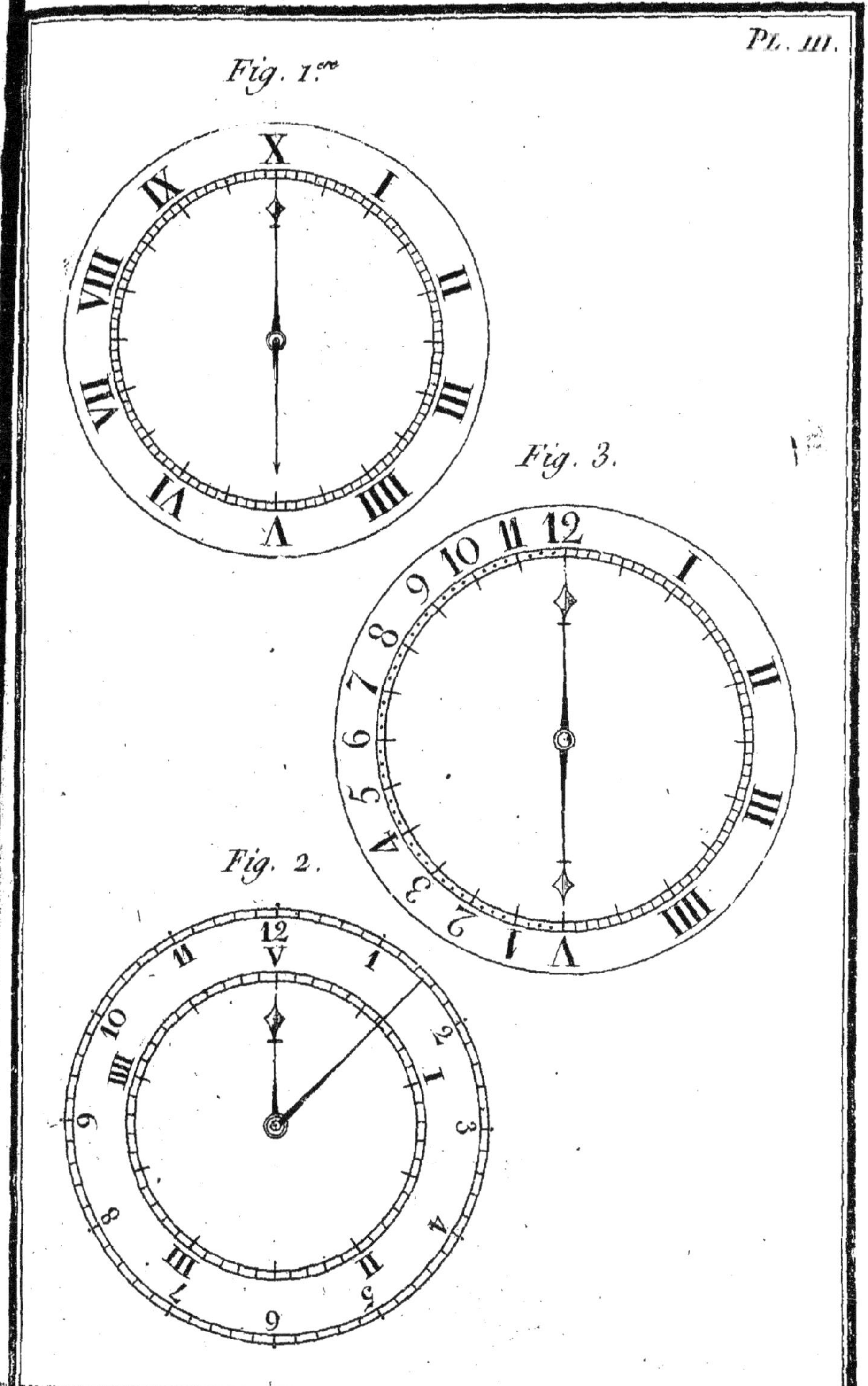

www.ingramcontent.com/pod-product-compliance
Ingram Content Group UK Ltd.
Pitfield, Milton Keynes, MK11 3LW, UK
UKHW021938200726
13855UKWH00007B/1576

9 782013 455251